István Csuzi

Nowa seria: Badania nad transportem publicznym. Objętość 2

István Csuzi

Nowa seria: Badania nad transportem publicznym. Objętość 2

Wskaźniki efektywności systemów magistralowych

Wydawnictwo Bezkresy Wiedzy

Imprint
Any brand names and product names mentioned in this book are subject to trademark, brand or patent protection and are trademarks or registered trademarks of their respective holders. The use of brand names, product names, common names, trade names, product descriptions etc. even without a particular marking in this work is in no way to be construed to mean that such names may be regarded as unrestricted in respect of trademark and brand protection legislation and could thus be used by anyone.

Cover image: www.ingimage.com

Publisher:
Wydawnictwo Bezkresy Wiedzy
is a trademark of
International Book Market Service Ltd., member of OmniScriptum Publishing Group
17 Meldrum Street, Beau Bassin 71504, Mauritius

Printed at: see last page
ISBN: 978-620-0-54351-6

Nowa seria: Badania nad transportem publicznym

NA RAZIE,
zastępując wprowadzenie...

Wiele badań wykonano poprzez aktualizację danych i interpretacje pracy doktorskiej autora: *"Wkład w ocenę i optymalizację wydajności energetycznej i dostępności miejskiego systemu trakcji elektrycznej"*, koordynowanej przez prof. dr inż. Ioan FELEA na Uniwersytecie w Oradei utrzymał się w 2011 roku. Nawet słowa na stronie wprowadzającej do pracy doktorskiej sugerują, że ta troska będzie kontynuowana i będzie generować nowe możliwości:

"Są chwile w życiu, kiedy zatrzymujesz się i patrzysz wstecz: dokąd poszedłeś, na jaką drogę przyszedłeś. Publiczne poparcie dla tej pracy doktorskiej może być takim momentem. Może widzę ciągłość mojego zainteresowania naukami ścisłymi z liceum i college'u, odpowiednio w miejscach pracy, były chwile prawdziwej radości, ale i mniej "rozbrzmiewających" sukcesów. Droga nie była łatwa, podejmowane wysiłki nie zawsze urzeczywistniały się dzięki wytrwałości i konsekwencji, które podtrzymywały moje wysiłki, ale sama nie byłam w stanie ich kontynuować bez dobrego zespołu, bez prawdziwej pomocy rodziny, kolegów i mentorów. Może sam nie był w stanie ukończyć tego etapu, ale prof. dr inż. Ioan FELEA był decydującym czynnikiem w narodzinach tej pracy, bez jego wyjaśnień, porad i koordynacji być może zawiodę tę pracę. Nie mogę sobie przypomnieć dużej pomocy otrzymanej od prof. dr inż. József LINGVAY. Po blisko dwudziestu latach nieobecności za jego namową, ponownie zdobyłem doświadczenie i satysfakcję z udziału w konferencjach naukowych. Podczas opracowywania prac, pomiary i weryfikacje były możliwe dzięki sprawnej organizacji, zwłaszcza dzięki wkładowi kolegów z Oradea Transport Local SA (Liviu TUDUC, Ioan MUREŞAN, Sebastian SILAGHI, László LIBOR i wielu innych).....

Gdybym mógł się tu zatrzymać, zrobiłbym to... ale życie toczy się dalej! Lista, do której wkład stanowi pomoc, zrozumienie obecnej pracy jest niepełna i wiem, że pozostaje otwartą listą na przyszłość. Mam nadzieję i jestem przekonany, że praca nie kończy się tutaj, ta teza jest tylko zakończeniem pierwszego etapu w trwającym procesie, ..., istnieją tysiące sposobów i możliwości dla badań w celu poprawy i optymalizacji efektywności energetycznej miejskiego transportu publicznego, nowe obszary zastosowania wyników zostaną znalezione poprzez bezpośrednie wdrożenie w produkcji, wykorzystanie z bezpośrednią korzyścią dla obecnych i przyszłych badań. (István CSUZI, Oradea, 2011)"

W poprzednich latach było wiele zmian, odnotowano osiągnięcia w przedsiębiorstwie transportu publicznego w Oradei, ale żałujemy również, że nie wszystkie rumuńskie gminy zachowały swoje sieci tramwajowe, Brasov, Constanta, Sibiu i Resita w ostatniej dziesiątce podjęły decyzję o usunięciu tramwajów z ruchu miejskiego. Istnieje 11 rezydencji powiatowych, gdzie tradycja ta jest kontynuowana, niektóre z nich mają nawet realną szansę na rozwój systemów, wśród których Oradea jest uznawana za miasto z jednym z dobrze utrzymanych systemów tramwajowych.

Jako osobistą uwagę, po ponad 8 latach pracy na stanowisku Dyrektora Generalnego Oradea Transport Local SA i profesora nadzwyczajnego Uniwersytetu Oradea, wiele prac zostało zaprezentowanych na różnych konferencjach w 6 krajach. Wszystkie one mają wspólny zakres i cel, jakim jest optymalizacja systemów transportu publicznego, dostarczenie nowych metod i technologii dla codziennej pracy sektora. Dzięki temu miałem okazję promować te idee jako "Ambasador Kolei Lekkich" w mojej roli przewodniczącego Zgromadzenia Kolei Lekkich i wiceprzewodniczącego Międzynarodowego Stowarzyszenia Transportu Publicznego UITP z siedzibą w Brukseli. Od maja 2017 roku moje szczęście dało mi możliwość spróbowania swoich umiejętności i zdolności na Bliskim Wschodzie jako Dyrektor Generalny Transportu Miejskiego, firmy transportu publicznego w Abu Zabi. To duże wyzwanie, jak zoptymalizować efektywność energetyczną w różnych warunkach pogodowych i społecznych, konkretne działania badawcze będą kontynuowane w związku z tymi czynnikami.

Utrzymanie jakości lekkiego transportu kolejowego w mieście Oradea, a nawet rozwój sieci wynika z symbiozy, w której podróżni korzystają z tramwajów, z łącznej dziennej liczby pasażerów wynoszącej ok. 150.000 osób ponad 60%. Dlaczego wybrać tramwaj, a nie elektryczny autobus lub trolejbus? Dlaczego nie używać autobusu do spalania paliw płynnych? Istnieją pytania, na które trudno jest łatwiej odpowiedzieć w dwóch słowach, na przykład, że są bardziej ekologiczne lub mają większą wydajność. Prostotę odpowiedzi wyraża złożoność systemów, wielokryteriowa analiza aspektów ekonomicznych, technicznych i społecznych pozwoli nam lepiej zrozumieć rzeczywistość miejskiego transportu publicznego z elektryczną trakcją na ziemi, dlaczego ma on duży i znaczący wpływ na życie transportu publicznego.

Praca ta jest głównie naukowa, przeznaczona dla specjalistów w tej dziedzinie, studentów wydziałów technicznych ze specjalnościami energetycznymi, elektrotechnicznymi, ale może być przydatna poprzez prezentacje systemów transportu publicznego, począwszy od twórców studium wykonalności po decydentów z administracji publicznej.

Książka jest drugim tomem nowej serii "STUDIA O TRANSPORCIE PUBLICZNYM". Prowadzona jest stała debata pomiędzy specjalistami na temat tramwajów i autobusów, które mają pierwszeństwo w rozwoju transportu publicznego. Główne zagadnienia związane z efektywnością zalecanych systemów dotyczą dostosowania zdolności transportowych do rzeczywistych potrzeb, dostępności floty, oszczędności energii były przedmiotem wielu badań. "WSKAŹNIKI WYDAJNOŚCI SYSTEMÓW BUSOWYCH" to krótkie podejście kluczowych wskaźników wydajności (KPI) dla podstawowych cech. Rozdziały są integralną prezentacją prac naukowych na ten temat, prezentacje na sympozjach i konferencjach w kraju i za granicą są wymienione w wykazie publikacji w załączniku na końcu książki.

Abu Dhabi, István CSUZI, doktorant.

20 grudnia 2017 r.

ABSTRACJE:

Wskaźniki efektywności systemów magistralowych

BADANIE 1 - Metoda analizy efektywności energetycznej systemu transportu publicznego na podstawie studium przypadku Oradea Transport Local SA Analiza sieci autobusowej i tramwajowej

Studium to proponuje metodę analizy porównań efektywności energetycznej systemu miejskiego transportu publicznego za pomocą studium przypadku zastosowanego w Oradea. Opracowanie zawiera krótki opis przedsiębiorstwa transportu publicznego i sieci w Oradei, statystyki pasażerów, analizę zużycia energii, ocenę parametrów pasażerów/kilometrów, porównanie zużycia paliw płynnych i energii elektrycznej, zalecenia dotyczące optymalizacji zużycia energii. Porównania koncentrują się na własnej flocie pojazdów OTL (tramwaje i autobusy) oraz wydajności energetycznej systemu.

STUDIA 2 - Miejski elektryczny autobus miejski, zrównoważone rozwiązanie mające na celu zwiększenie efektywności energetycznej transportu publicznego i zmniejszenie zanieczyszczenia atmosfery w miastach

Analizując wartości wskaźników energetycznych transportu publicznego i zanieczyszczenia powietrza w metropoliach wraz z branżowymi prognozami ekonomicznymi, władze i dostawcy mogą oszacować przyszłe trendy. Aby zmniejszyć wykorzystanie samochodów osobowych w miastach, konieczne jest zwiększenie udziału elektrycznych pojazdów transportu publicznego (tramwajów, trolejbusów, autobusów elektrycznych), a także zwiększenie zadowolenia z mobilności w mieście poprzez zwiększenie liczby przejazdów środkami transportu publicznego, wszystko to razem może zapewnić nam więcej życia w miastach.

Studium 1: Metoda analizy efektywności energetycznej systemu transportu publicznego przez studium przypadku Oradea Transport Local SA Analiza sieci autobusowej i tramwajowej

1.1. Ogólne pojęcia dotyczące analizy wydajności systemów transportu zbiorowego

Przedsiębiorstwo Transportu Publicznego w Oradea (Oradea Transport Local SA) obsługuje obecnie siedem linii tramwajowych i dwadzieścia miejskich linii autobusowych, obejmujących główne osie komunikacyjne miasta [2]. W dodatku do lokalnej organizacji transportu publicznego i eksploatacji OTL SA zapewnia usługi transportu publicznego dla dwóch wsi metropolitalnych (Sânmartin i Borş) i administracyjnie związanych z nimi wiosek na sześciu liniach autobusowych i obsługuje międzynarodową, transgraniczną trasę autobusową (między Oradea/Rumunia i Biharkeresztes/Węgry). Celem badania jest porównanie zużycia energii elektrycznej przez tramwaje i autobusy w perspektywie odległości i przewożonych pasażerów, zwiększających efektywność energetyczną i atrakcyjność transportu publicznego dla pasażerów. Wzrost efektywności energetycznej i zwiększenie liczby przewożonych pasażerów wyraźnie prowadzi do poprawy wskaźników ekonomicznych.

Analizowany okres w odniesieniu do efektywności energetycznej to lata 2014, 2015 i 2016. Analizy roczne, miesięczne, tygodniowe i dzienne. W celu analizy oceny przepływu pasażerów monitorujemy liczbę pasażerów w każdej godzinie dnia. Na podstawie tych analiz możemy określić i zoptymalizować wymaganą pojemność pojazdu.

Przebieg autobusu i tramwaju, pokonywane odległości są uzyskiwane z dwóch zastosowań. Te aplikacje są: Oprogramowanie "Fleet Management" (które generuje dane na podstawie śledzenia GPS) oraz oprogramowanie "in-house" opracowane specjalnie w celu oceny floty autobusowej firmy (przebiegi, dane dotyczące zużycia oraz obliczenia godzin pracy).

Dane dotyczące przepływu pasażerów są pobierane z dwóch aplikacji. System "E-ticketing" do zatwierdzania kart RFID, a także aplikacja "GPS Fleet Management" do zatwierdzania biletów w formie papierowej. Na podstawie porównania i analizy tych danych możemy oszacować wymaganą ładowność pojazdów dla różnych okresów dnia.

Dane dotyczące zużycia energii elektrycznej (tygodniowe, miesięczne i roczne) są dostępne oddzielnie dla każdej prostowni (elektrowni). Dane dotyczące zużycia oleju napędowego w analizowanym okresie dostępne są w "wewnętrznym" oprogramowaniu do analizy floty autobusów. Oprogramowanie wykorzystuje bazę danych zużycia z dokładnym pomiarem dla wszystkich linii autobusowych i wszystkich typów autobusów floty. Zużycie oleju napędowego jest obliczane na podstawie tych danych.

Aby porównać nasze zużycie paliwa płynnego i energii elektrycznej, potrzebujemy wspólnego mianownika [3].

Tabela 1.1: *Standardowe porównanie wartości energetycznej w TOE*

Energia elektryczna	1 MWh = 0,086
Energia cieplna	1 G-Cal = 0,1
Gaz ziemny	1000 Nm^3 = 0.805
Czarny olej	1 do = 0,95
Olej filtrowany	1 do = 0,97
Paliwo	1 do = 1,05
Diesel	1 do = 1,015

Ton ekwiwalentu ropy naftowej (**Tone** of Oil Equivalent - TOE) to jednostka energii określona jako ilość energii uwolnionej w wyniku spalania jednej tony ropy naftowej. Jest to około 42 gigadżuli, chociaż ponieważ różne oleje surowe mają różne wartości opałowe, dokładna wartość jest określona umownie; istnieje kilka nieco innych definicji. Międzynarodowa Agencja Energii definiuje jeden ton ekwiwalentu ropy naftowej (TOE) jako równy 41,868 GJ (11,63 megawatogodzin). W oparciu o kalkulator Międzynarodowej Agencji Energii dokonano różnych przeliczeń wartości energetycznej. [4]

1.2. System miejskiego transportu publicznego w mieście Oradea i sąsiednich regionach

Miejskie mapy sieci autobusowej i tramwajowej pokazują bardzo dobre pokrycie dostępności transportu publicznego.

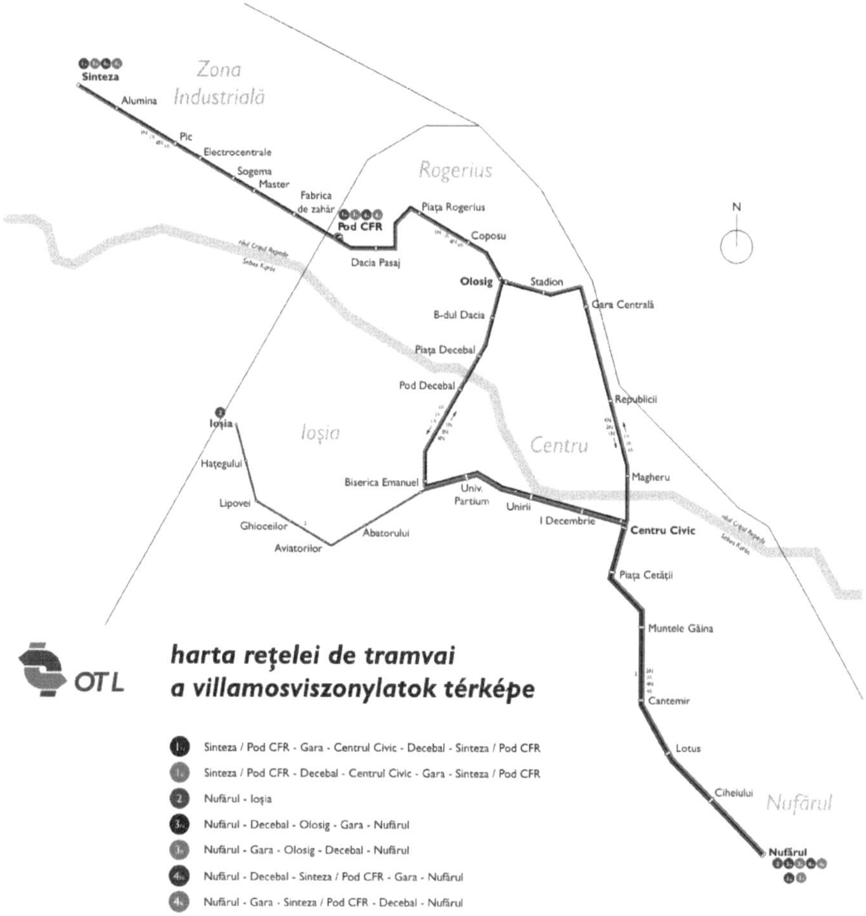

Rys.1.1.a *Sieć tramwajowa w gminie Oradea (2017)*

Rys.1.1.b *Sieć autobusowa w gminie Oradea (2017)*

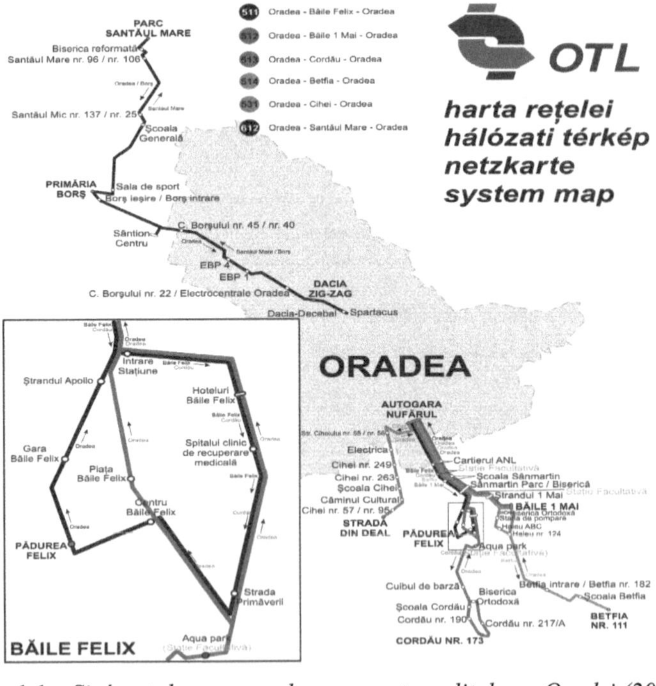

Rys.1.1.c *Sieć autobusowa w obszarze metropolitalnym Oradei (2017)*

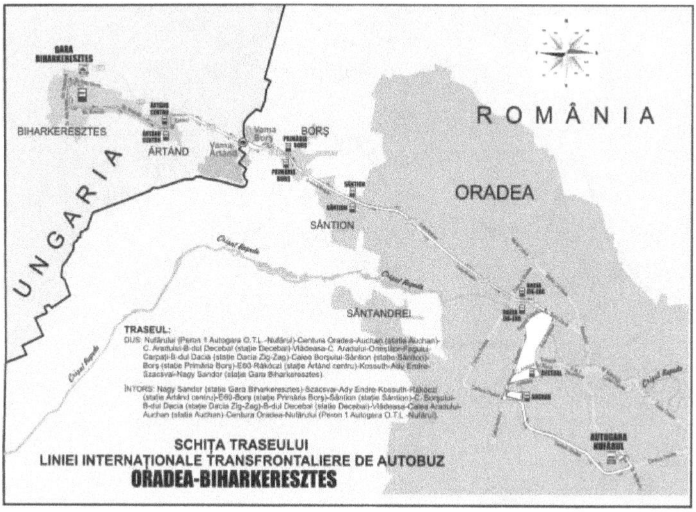

Rys.1.1.d *Trasa transgraniczna między Oradea/RO a Biharkeresztes/HU (2017)*

Analiza systemu transportu publicznego stanowi wyzwanie dla porównania tramwajów i autobusów. Porównanie ma na celu analizę tramwaju lub autobusu w przeliczeniu na pasażera i kilometr w celu wykorzystania energii bardziej wydajnie, efektywność kosztowa w tym przypadku nie jest badana (pojazd i utrzymanie, koszty zasobów ludzkich będą zbierane do badań ekonomicznych).

1.2.1. Analiza przepływu pasażerów w Oradei

Porównując średnie dzienne dane z głównych linii autobusowych w latach 2014, 2015 i 2016 [5] (np. linia 12 i 17), widzimy dwa szczyty (godziny szczytu) każdego dnia, rano i po południu. Poza godzinami szczytu przewidziana pojemność pojazdu jest większa niż jest to konieczne. Na innych liniach autobusowych (np. linii 18 lub 19) liczba pasażerów nie zmienia się widocznie. Na tych liniach przez cały dzień jest prawdą stwierdzenie, że podana pojemność pojazdu jest większa niż zapotrzebowanie.

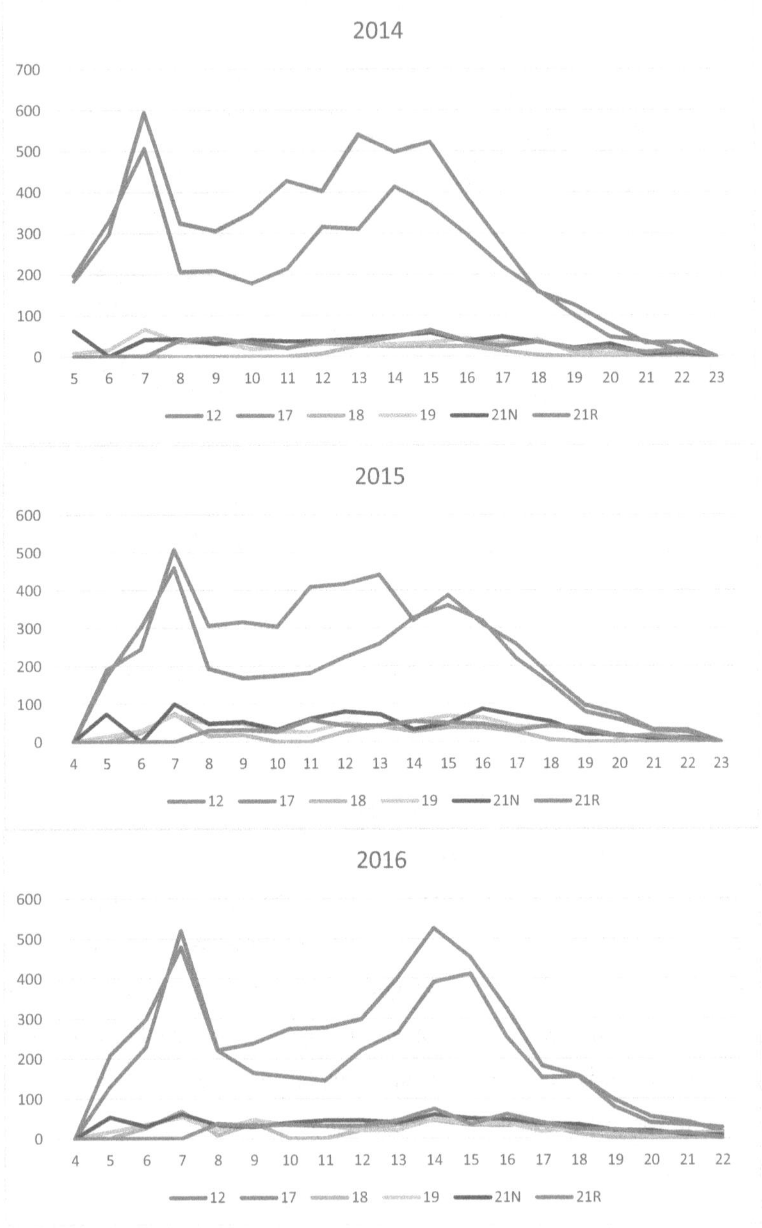

Rys. 1.2. *Analiza przepływu pasażerów na trasach miejskich*

1.2.2. Analiza danych dotyczących zużycia paliwa i energii

Porównując roczne zużycie energii i przebieg w latach 2014, 2015 i 2016, widzimy, że przy mniejszym zużyciu energii możemy zapewnić jeszcze wyższe częstotliwości na głównych liniach autobusowych. Metoda ta jest przedstawiona w strategiach stosowanych w celu poprawy efektywności energetycznej.

Tabela 1.2: *Przepływ pasażerski, odległości, jednostkowe zużycie paliwa*

2014					
Line	Passeng	Consumpti	Distance	l/100km	l/passenger
12	5532	494.8417	1297.15	38.14837914	0.089450777
17	4121	386.1655	991.5	38.94760464	0.093706746
18	126	44.611	119.4	37.36264657	0.354055556
19	470	74.28	204	36.41176471	0.158042553
21N	633	97.74	279.4	34.98210451	0.154407583
21R	482	85.808	245.3	34.98083979	0.178024896

2015					
Line	Passeng	Consumpti	Distance	l/100km	l/passenger
12	4824	501.0005	1374.9	36.43905011	0.103855825
17	3712	357.9819	951.9	37.60709108	0.096439089
18	335	19.6073	118.4	16.56021959	0.058529254
19	690	34.9637	207.4	16.85810029	0.050672029
21N	868	44.6579	274	16.29850365	0.051449194
21R	534	42.9508	254	16.90976378	0.08043221

2016					
Line	Passeng	Consumpti	Distance	l/100km	l/passenger
12	4792	487.4295	1356	35.94612832	0.101717341
17	3667	372.0703	963.9	38.60050835	0.101464494
18	335	63.392	168	37.73333333	0.189229851
19	545	66.684	185.7	35.9095315	0.122355963
21N	784	100.1805	278.6	35.95854271	0.12778125
21R	615	41.7329	254	16.43027559	0.067858374

1.2.4. Łatwa strategia na rzecz efektywności energetycznej: dostosowanie zdolności do rzeczywistych potrzeb

Opierając się na analizach, pytania są następujące: Jak możemy poprawić efektywność energetyczną w transporcie publicznym, aby obniżyć koszty? Jak transport publiczny może stać się bardziej atrakcyjny, "przyjazny dla pasażerów"?

Czy możemy poprawić jakość świadczonych przez nas usług i jednocześnie uzyskać wyższy zysk? Które systemy transportu publicznego są bardziej energooszczędne, bardziej ekonomiczne? Które systemy powinny być priorytetem, powinny być rozwijane [6]?

Po dogłębnej analizie przepływów pasażerskich i korelacji z dostarczonymi zdolnościami przewozowymi, lokalne przedsiębiorstwo transportu publicznego postanowiło w 2014 r. zoptymalizować relację pomiędzy obu kluczowymi wskaźnikami wydajności w celu uzyskania autobusów o małej i średniej przepustowości. Zamówiono pięć sztuk KARSAN "Jest", autobus małej pojemności, z 11 miejscami siedzącymi i 10 stojącymi oraz siedem sztuk ISUZU "Novo-city", autobus średniej pojemności, z 16 miejscami siedzącymi i 39 stojącymi. Średnie zużycie paliwa w firmie KARSAN wynosi 11 litrów/100 km, a w firmie ISUZU 16 litrów/100 km. W porównaniu do standardowej pojemności SOLO (12 m długości, ok. 100 pasażerów), zużycie autobusu wynosi od 31 do 35 litrów/100 km.

Ponadto wzrosło zaopatrzenie w pięć dużych autobusów przegubowych (o długości 18 m, 150 pasażerów), których zużycie wynosi od 49 do 55 litrów/100 km.

Rys. 1.3.*KARSAN "Jest", autobus małej pojemności (21 pasażerów)*

Rys. 1.4.*ISUZU "Novo-City", autobus średniej pojemności (55 pasażerów)*

Rys. 1.5.*Autobus SOLARIS "Urbino-12", najczęściej wykorzystywany autobus pasażerski (107 pasażerów)*

Rys. 1.6.*MAN, autobus o dużej pojemności (155 pasażerów)*

Analizując przepływ pasażerów moglibyśmy oszacować niezbędną przepustowość pojazdów, którą powinniśmy zapewnić dla każdej linii w każdej części dnia. W 2015 roku rozpoczynamy optymalizację dostarczanej pojemności pojazdów pod kątem zapotrzebowania.

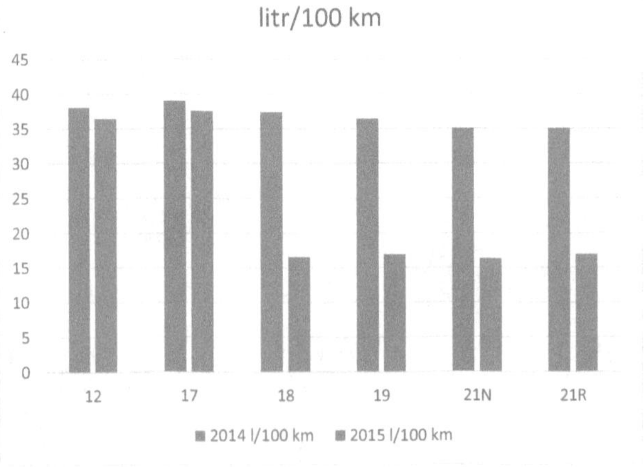

Rys. 1.7.Średnie *zużycie/rok/linia*

Jak widać na głównych liniach autobusowych, takich jak linia 12 czy 17, udało nam się osiągnąć oszczędności, mimo że na tych liniach, w godzinach szczytu, korzystaliśmy również z autobusów przegubowych o dużej pojemności i dużym zużyciu paliwa. Jednak autobusy średniej i małej pojemności używane poza godzinami szczytu nie tylko rekompensują wyższe zużycie paliwa, ale także w porównaniu z danymi z 2014 r. można zauważyć niewielki spadek. Na liniach mniej uczęszczanych, jak linia 18 czy 19, udało nam się od 2015 roku zmniejszyć zużycie paliwa na kilometr o połowę w porównaniu ze zużyciem paliwa w 2014 roku. Dostarczona optymalizacja przepustowości pojazdów prowadzi nie tylko do oszczędności energii i korzyści ekonomicznych, ale także do wzrostu poziomu komfortu pasażerów na głównych liniach autobusowych dzięki wykorzystaniu autobusów o dużej przepustowości w godzinach szczytu.

Rys. 1.8. *VOLVO Vest, autobus indywidualny (105 pasażerów)*

W 2016 r. firma zdecydowała się zakupić kilka autobusów "solo", "używanych" o lepszym komforcie cieplnym, aby zwiększyć poziom komfortu i zadowolenia pasażerów, zdecydowano się na zakup 14 sztuk autobusów Volvo Vest. Mają one niewielką ilość kilometrów przebiegu, a dobrze utrzymane autobusy oferują lepsze warunki dla pasażerów. Pojemność pasażerska wynosi ~100 pasażerów, a ich średnie zużycie paliwa wynosi 34 litry/100 km. Wprowadzenie tych autobusów na liniach, na których przepływ pasażerów to uzasadniał, zwiększyło zużycie paliwa. Na tablicy 2 widzimy to na liniach 18, 19, 21N. Na linii 21R, gdzie trzymaliśmy autobusy małej i średniej pojemności mamy takie samo zużycie w 2016 roku jak w 2015 roku, prawie połowę zużycia w 2014 roku. Zarząd podjął decyzję o zwiększeniu wykorzystania autobusów małej i średniej przepustowości na trasach podmiejskich w obszarze metropolitalnym oraz na trasie "transgranicznej". Wpływ relokacji tego rodzaju autobusów widzimy w tabeli 3. Na linii miejskiej 12 obserwujemy stałą poprawę; na liniach 18 i 21N wpływ wykorzystania autobusów małej i średniej pojemności w 2015 r.; na linii 21R widzimy wpływ wykorzystania autobusów małej i średniej pojemności od 2015 r. i wreszcie wpływ wprowadzenia autobusów małej i średniej pojemności na liniach podmiejskich 511 i 512.

Tabela 1.3: *Przepływ pasażerski, odległości i jednostkowe zużycie paliwa*

Year	Line	Passengers	Consumption	Distance	l/100km	l/passenger
2014	12	5532	494.8417	1297.15	38.1483791	0.08945078
2015	12	4824	501.0005	1374.9	36.4390501	0.10385583
2016	12	4792	487.4295	1356	35.9461283	0.10171734
2014	18	126	44.611	119.4	37.3626466	0.35405556
2015	18	335	19.6073	118.4	16.5602196	0.05852925
2016	18	335	63.392	168	37.7333333	0.18922985
2014	21N	633	97.74	279.4	34.9821045	0.15440758
2015	21N	868	44.6579	274	16.2985036	0.05144919
2016	21N	784	100.1805	278.6	35.9585427	0.12778125
2014	21R	482	85.808	245.3	34.9808398	0.1780249
2015	21R	534	42.9508	254	16.9097638	0.08043221
2016	21R	615	41.7329	254	16.4302756	0.06785837
2014	511 FELIX	785	199.593	696.2	28.668917	0.2542586
2015	511 FELIX	411	151.261	528.5	28.6208136	0.36803163
2016	511 FELIX	353	108.223	527.4	20.5200986	0.30658074
2014	512 1MAI	697	187.086	604.2	30.9642502	0.26841607
2015	512 1MAI	624	121.73	408.6	29.7919726	0.19508013
2016	512 1MAI	585	73.5646	461.7	15.93342	0.12575145

1.3. Porównanie efektywności energetycznej systemu tramwajowego i autobusowego

Aby móc porównywać dane dotyczące zużycia energii elektrycznej i paliw płynnych, potrzebujemy wspólnego mianownika. Będzie to wyżej wymieniony ekwiwalent olejowy TOE. Analizowane okresy są: 11/10/2014 - 11/16/2014;

11/09/2015 - 11/15/2015 oraz 11/07/2016 - 11/13/2016. Ponieważ sieć tramwajowa obejmuje główne osie komunikacyjne, większość pasażerów korzysta z tego rodzaju systemu transportu. Jest oczywiste, że w okresie próbnym około dwóch trzecich pasażerów korzysta z tramwaju, a tylko jedna trzecia z autobusu.

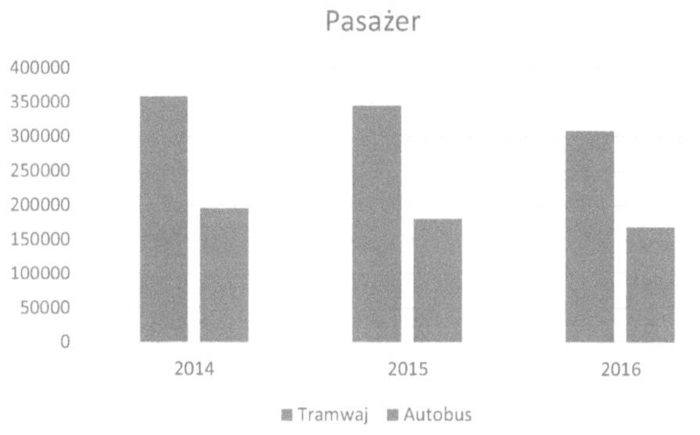

Rys. 1.9._Porównanie przepływu pasażerów w różnych środkach transportu_

Porównując dwa systemy transportu publicznego widzimy, że pokonana odległość jest odwrotnie proporcjonalna do liczby przewożonych pasażerów. Dane dotyczące przebiegu zawierają również dane z linii obszaru metropolitalnego.

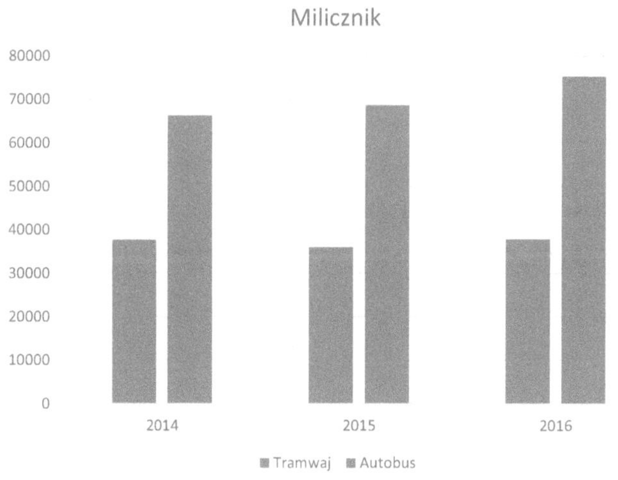

Rys. 1.10._Przebieg tramwajów i autobusów w ciągu roku_

Wartość (w palcach) zużycia energii dla systemu tramwajowego pokazuje prawie połowę wskaźnika systemu autobusowego. Zastosowana strategia (dostosowanie zdolności przewozowych do rzeczywistego przepływu pasażerów) ograniczyła zużycie energii w systemie autobusowym.

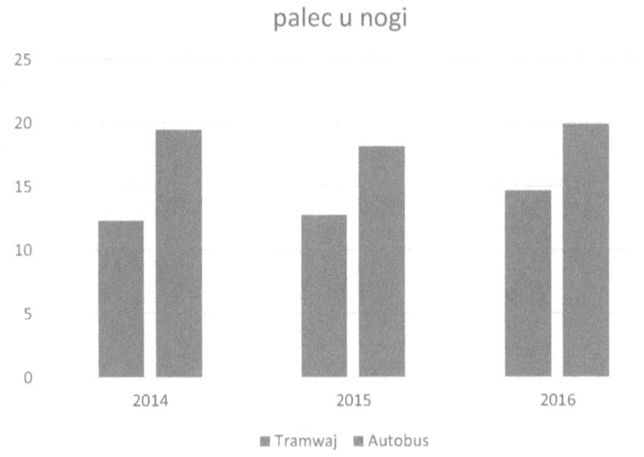

Rys. 1.11.*Zużycie energii obliczone w palcach*

Jeżeli porównamy zużycie energii (w palcach) z liczbą przewożonych pasażerów, to efektywność energetyczna systemów tramwajowych jest bardzo oczywista. Około jednej trzeciej zużycia energii w systemie autobusowym na dziesięć tysięcy pasażerów w 2014 roku system tramwajowy zużywał 0,34 toe energii, podczas gdy system autobusowy wynosi 0,99 toe, w 2015 roku zużycie energii jest podobne 0,37 toe do 1,00 toe. W 2016 r. pokonana odległość została zwiększona, podczas gdy liczba przewożonych pasażerów zmalała, w związku z czym zużycie energii na jednego pasażera wzrosło również do 0,47 toe i 1,18 toe.

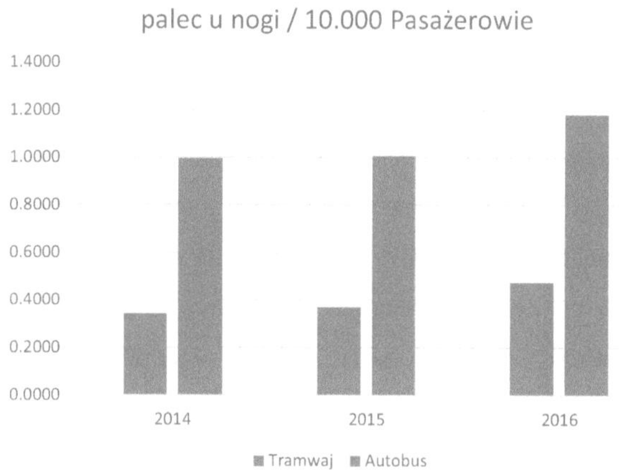

Rys. 1.12.*Zużycie energii na 10.000 pasażerów*

Jedynym badanym wskaźnikiem, w którym układ autobusowy wygląda efektywniej niż układ tramwajowy, jest zużycie energii na przebyte odległości.

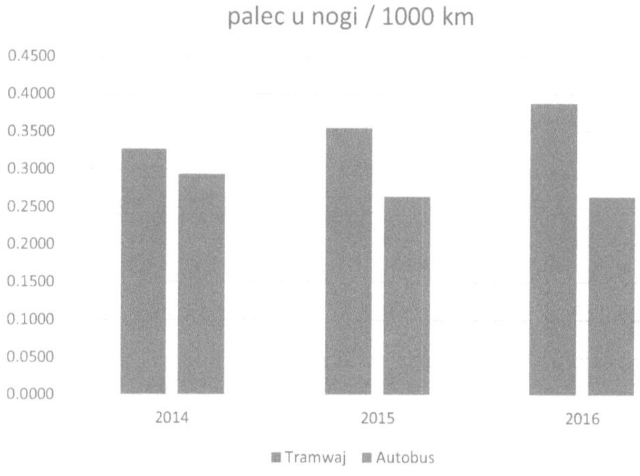

Rys. 1.13.*Zużycie energii na 1.000 km*

1.4. Ocena wskaźnika "skumulowanej" efektywności energetycznej

Ponieważ pomiędzy analizowanymi okresami, firma transportowa kupiła tylko autobusy w celu zwiększenia poziomu efektywności energetycznej, analiza efektywności energetycznej będzie odzwierciedlać tylko ten rodzaj systemu transportu publicznego. W przyszłości, kiedy zmodernizujemy trakcję elektryczną tramwajów, doprowadzimy do zmniejszenia zużycia energii i będziemy mogli porównać ewolucję tych dwóch systemów.

Do analizy ewolucji efektywności energetycznej wykorzystamy wskaźniki ODEX. System wskaźników ODEX został zaprojektowany i opracowany przez międzynarodowe konsorcjum pod przewodnictwem francuskiej firmy ENERDATA w Grenoble w ramach programu SAVE Komisji Europejskiej i kontynuowany w ramach programu Inteligentna Energia dla Europy. Zgodnie z dyrektywą 2006/32/WE wskaźniki ODEX zostaną wykorzystane do wdrożenia złożonej metodologii sprawozdawczości w celu realizacji planów działania na rzecz racjonalizacji zużycia energii. Wskaźniki ODEX są wskaźnikami procentowymi; Wybiera się rok referencyjny, dla którego wartość danego wskaźnika wynosi 100%, a jego wartości są obliczane dla innych lat; jeżeli wartości te są większe niż 100%, oznacza to, że efektywność energetyczna zmalała (zużycie energii dla osiągnięcia danego efektu użytecznego wzrosło); jeżeli wartości te są mniejsze niż 100%, oznacza to, że efektywność energetyczna uległa poprawie. Wskaźniki ODEX nie opisują poziomu efektywności energetycznej (niski lub wysoki), ale ewolucję efektywności energetycznej (trend pozytywny lub negatywny). Wskaźniki ODEX-u opisują dynamikę procesu, a nie jego stan w pewnym momencie. Nie pozwalają one na dokonywanie porównań za dany rok między dwoma krajami, dwoma sektorami konsumenckimi, a jedynie na dokonywanie porównań za różne lata dla tego samego sektora konsumenckiego. Wskaźnik ODEX jest obliczany dla konkretnego sektora lub poziomu agregacji (gospodarka krajowa, produkcja, transport, konsument końcowy itd.). Wskaźnik ODEX na konkretnym sektorze lub poziomie agregacji (gospodarka krajowa, sektor gospodarki, konsument końcowy itp.) jest obliczany jako średnia ważona wskaźników niższej efektywności energetycznej. W praktyce, każda grupa robocza może ustawić własną strukturę analizy według swojej specyfiki i dostępnych danych pierwotnych [7].

Wskaźnik ODEX (IOD) jest z definicji procentem stosunku pomiędzy:

$I_{(t)}$ - zużycie energii w roku t, z którym uzyskano pewną ilość towarów lub usług; oraz

$I_{(t0)}$ - zużycie energii, które byłoby potrzebne w roku t, gdyby efektywność energetyczna była taka sama jak w roku t0 (poprzedni rok umownie wybrany) [7].

$$IOD(t) = \frac{I(t)}{I(t0)} \times 100 \quad (1.1)$$

Przeanalizujemy linie, na których dostarczona przepustowość transportowa została dostosowana do wymogów przepływu pasażerów.

Tabela 4.a *Wskaźniki ODEX na analizowanych liniach, koncentrujące się na pokonanej odległości*

ODEX - mileage			
Line	2014(t0)	2015(t1)	2016(t2)
12	100	95.5193	98.6473
18	100	44.3229	227.855
21N	100	46.591	220.625
21R	100	48.3401	97.1644
511 FELIX	100	99.8322	71.6964
512 1MAI	100	96.2141	53.4823

Tabela 4.b *Wskaźniki ODEX na analizowanych liniach, koncentrujące się na przepływie pasażerów*

ODEX - passengers			
Line	2014(t0)	2015(t1)	2016(t2)
12	100	116.104	97.9409
18	100	16.5311	323.308
21N	100	33.3204	248.364
21R	100	45.1803	84.3672
511 FELIX	100	144.747	83.3028
512 1MAI	100	72.6783	64.4614

1.5. Zakończenie analizy badania

Ważne jest, że przebieg systemu autobusowego jest w przybliżeniu dwukrotnie większy od przebiegu systemu tramwajowego, ale zużycie energii na jeden przejechany dystans nie jest znacząco większe. Należy zauważyć, że w 2015 r. wskaźnik zużycia energii w systemie autobusowym jest lepszy niż w 2014 r., mimo że pokonywane odległości są większe. Jak widać w 2016 roku, rozpoczynając eksploatację 14 szt. autobusów VOLVO o dużej pojemności z klimatyzacją i lepszym kontaktem termicznym, zastępując na niektórych trasach autobusy o średniej pojemności (21N to odpowiedni przykład), zużycie energii wzrosło, ale rozwiązało problem narzekania na zatłoczone podróże. Wskaźnik pasażerów w autobusach spadł z 90-95% do średnio nie więcej niż 55%, pasażerów zadowolił konfortowanie nowych autobusów.

Analizując wskaźniki ODEX, możemy zaobserwować ewolucję wskaźników efektywności energetycznej na liniach, na których dostarczona zdolność przewozowa została dostosowana do wymogów przepływu pasażerów w określonych odstępach dnia. Widzimy wpływ wykorzystania autobusów o małej i średniej przepustowości na linie, na których zostały one wprowadzone.

W przyszłości, gdy firma zakupi tramwaje o mniejszej zdolności przewozowej i nowoczesnej trakcji lub zmodernizuje istniejący park tramwajowy o nową trakcję, będziemy mogli obliczyć ODEX elektrycznego systemu komunikacji miejskiej. Wtedy będziemy mogli porównać ewolucję tych dwóch systemów transportowych.

Obserwacja:

Badanie to zostało przeprowadzone w ramach Laboratorium MECHATRONICA/Oradea Transport Local SA (którego współautorem jest inż. László LIBOR, inżynier informatyk w tej samej firmie), jako że wstępny referat został przedstawiony podczas konferencji "CIE-2017", 23. Regionalne Forum Energetyczne, 08 - 09 czerwca 2017 r., zorganizowanej przez Uniwersytet Oradea w Băile Felix/Rumunia i opublikowanej na VI Międzynarodowej Konferencji "W kierunku ludzkiego miasta", zorganizowanej przez Wydział Inżynierii Ruchu, Wydział Nauk Technicznych Uniwersytetu w Nowym Sadzie, 26 - 27 października 2017 r.

Badanie 2 - Miejski elektryczny autobus miejski, zrównoważone rozwiązanie mające na celu zwiększenie efektywności energetycznej transportu publicznego i zmniejszenie zanieczyszczenia atmosfery w miastach

2.1. O zużyciu energii w sektorze transportu

2.1.1. Światowa zmiana klimatu

Zmiany klimatu to okrutna rzeczywistość, wiadomości o katastrofach są codziennie. Chociaż czołowi światowi szefowie państw i rządów zgodzili się na współpracę w zakresie rozwoju, stosowania i dostępności technologii przyjaznych dla klimatu dla krajów rozwijających się, to jednak istnieją blokady, wystarczy odwołać się do "zwrotu akcji" Stanów Zjednoczonych w 2017 roku, mając nadzieję, że tymczasowe odrzucenie traktatu zaakceptowanego przez większość nie wywoła lawinowej reakcji.

Wiemy, że istnieje wiele alternatywnych rozwiązań przyjaznych dla środowiska, dlatego też potrzebne są pilne działania, a ochrona klimatu musi być jedną z podstaw celów rozwoju. Mobilność regionalna i miejska jest kluczowym warunkiem rozwoju gospodarczego i społecznego oraz ograniczenia ubóstwa. Sektor transportu odgrywa zatem kluczową rolę w rozwoju i utrzymaniu fundamentów gospodarczych i społecznych zarówno krajów rozwiniętych, jak i rozwijających się.

2.1.2. Zużycie energii w transporcie i zanieczyszczenie powietrza

Ciągły wzrost w sektorze transportu zwiększył obawy o ekonomiczne koszty dostaw energii, jak również o wpływ na środowisko naturalne. W UE sektor transportu drogowego jest odpowiedzialny za 26% końcowego zużycia energii i 24% emisji CO_2 (2007). Zużycie energii i emisje z sektora drogowego nadal rosną o około 1,5-2 % rocznie [8].

W raporcie Międzynarodowej Agencji Energii (IEA) z 2016 roku [9] stwierdzono, że udział transportu w światowym zużyciu ropy naftowej znacznie wzrósł w ciągu ostatnich kilkudziesięciu lat. Rys. 2.1. i rys. 2.2. pokazują potrzeby energetyczne sektora transportowego i ich ewolucję w porównaniu z rokiem 1973 do 2014. Jeśli przyjmiemy bezwzględny ekwiwalent wartości energii, to rosnąca ilość zużywanej energii elektrycznej z powodzeniem zastąpi klasyczne paliwa.

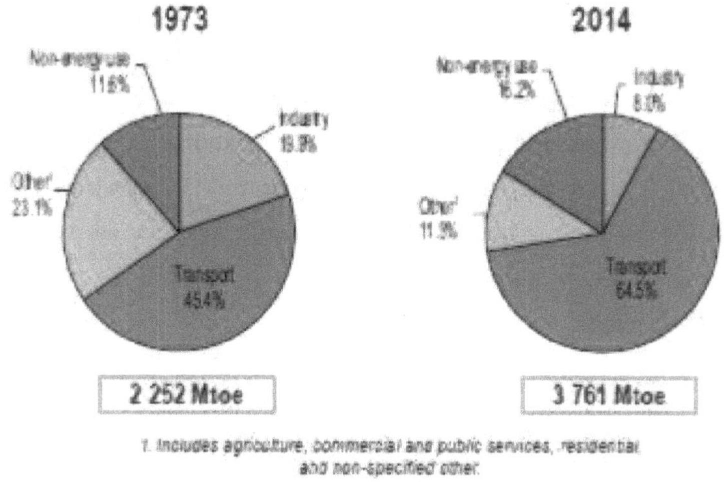

Rys.2.1.*Zużycie ropy naftowej według sektorów* *(źródło: IEA)*

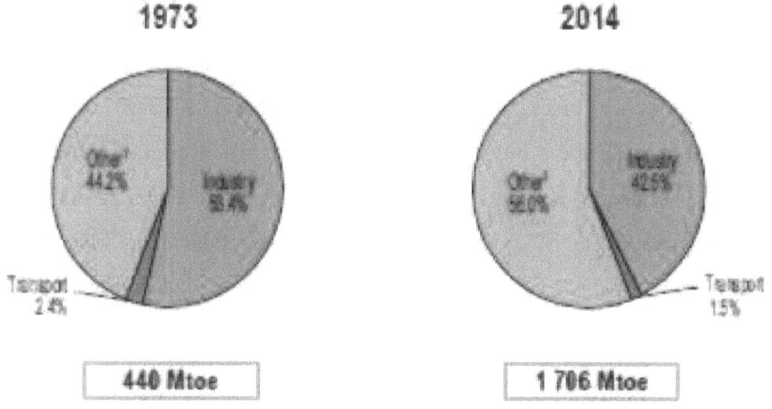

Rys. 2.2.2 *Zużycie energii elektrycznej według sektorów* *(źródło: IEA)*

Porównanie wyznacza pierwszy kryzys naftowy jako kamień milowy, według danych z 1973 roku udział transportu stanowił 45,4% zużycia ropy w 1973 roku, obecnie prawie dwie trzecie zużycia ropy przypada na sektor transportu, w 2014 roku wskaźnik ten wynosił 64,5%.

Wprawdzie udział energii elektrycznej zużywanej w transporcie spadł z 2,8% w 1973 roku do 1,5% w 2014 roku, ale jeśli przyjmiemy wartość bezwzględną, to jest ona ponad dwukrotnie większa od ilości energii elektrycznej zużywanej od lat 70-tych. Biorąc pod uwagę znaczny postęp w zakresie efektywności energetycznej w technice napędów elektrycznych, prowadzi on ostatecznie do ponad dwukrotnego zwiększenia wskaźnika pojazdów, tj. zwiększenia udziału pojazdów elektrycznych.

2.2. Znaczenie transportu publicznego

2.2.1. Mobilność miejska

Stowarzyszenie Międzynarodowego Transportu Publicznego (UITP) z siedzibą w Brukseli, wspólnie z Komisją Europejską, zdecydowanie zaleca, aby europejska polityka w zakresie zmian klimatycznych i efektywności energetycznej wyraźnie odnosiła się do kwestii mobilności w miastach. Jednym z najważniejszych zaproponowanych środków jest opracowanie strategii promowania zmiany rodzaju transportu i wysokiej jakości systemów transportu publicznego [10]. Jednym z elementów jest potrzeba opracowania planów zrównoważonej mobilności miejskiej/transportu w całej Europie dla miast powyżej 100.000 mieszkańców (zarządzanych przez grupę roboczą 191/2013 w Rumunii). Wspieranie inwestycji w transport, zajęcie się kwestią wysokiej efektywności energetycznej i niskiej emisji gazów cieplarnianych jako kryteriami priorytetowymi podkreślają kluczową rolę transportu publicznego. Niestety, często uważa się, że jest to zbyt kosztowne dążenie do poprawy efektywności energetycznej i ochrony środowiska (zmniejszenie emisji).

Napędy elektryczne są w stanie sprostać wyzwaniom związanym z transportem publicznym:

- Zmniejszenie lokalnego zanieczyszczenia, niezależnie od tego, czy porównuje się inne używane silniki gazowe, ciekłe czy stałe,
- Znaczna redukcja emisji CO_2,
- Zgodność z niższymi poziomami emisji hałasu,
- Przyszłe ograniczenie produkcji paliw na bazie ropy naftowej i ewentualna inflacja cen ropy,

- Ewentualne zmniejszenie liczby silników spalinowych wykorzystywanych w transporcie publicznym nie będzie miało wpływu na rozwój i wzrost mobilności w mieście.

2.2.2. O pojazdach z napędem elektrycznym

Najlepszymi rozwiązaniami dla wysokiego przepływu pasażerów z ponad kilkoma tysiącami przejazdów na godzinę są systemy z napędem elektrycznym, niezależnie od tego, czy jest to metro, tramwaj, trolejbus czy elektryczny autobus. Jednym z głównych wyzwań przyszłości jest to, jaką energię elektryczną możemy dostarczyć do pojazdów i z jakich źródeł, jaką autonomię daje magazynowanie energii, ile czasu potrzeba na jej naładowanie i z jakim standardem.

Główną zaletą napędu elektrycznego jest charakterystyka momentu obrotowego mocy. Typowa krzywa momentu obrotowego dla silnika indukcyjnego prądu przemiennego typu 1PV5 firmy Siemens [11] przedstawiona na rys. 2.3. wskazuje na rozwiązanie o wysokiej sprawności. Rys. 2.4. wyjaśnia zasoby energetyczne autobusów w szkicowej grafice. Energia może być również ładowana w pojeździe w ruchu (wytwarzana przez silnik spalinowy, z zewnętrznej sieci elektrycznej jako ładowanie bezpośrednie lub indukcyjne), lub w trybie "on-stop" (ładowanie akumulatora lub superkondensatora). Odzyskiwanie energii hamowania jest powszechne w dzisiejszej technologii, może być natychmiast ponownie wykorzystane przez inne pojazdy lub ponownie wprowadzone do sieci elektrycznej. Metoda koła zamachowego jest urządzeniem mechanicznym oszczędzającym część odzyskanej energii. Wiele koncepcji ma główne możliwości osiągnięcia najbardziej efektywnego momentu obrotowego dla pojazdów elektrycznych.

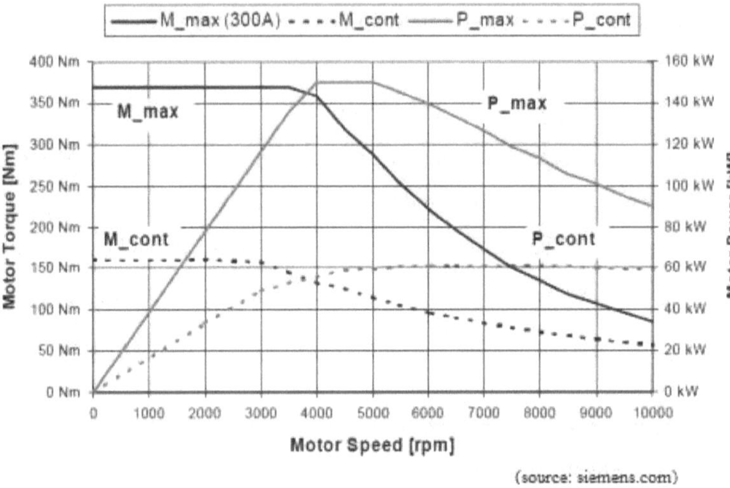

Rys.2.3. *Przykład efektywnej charakterystyki silnika elektrycznego (krzywa mocy i momentu obrotowego dla silnika 1PV5 Siemens)* *(źródło: siemens.com)*

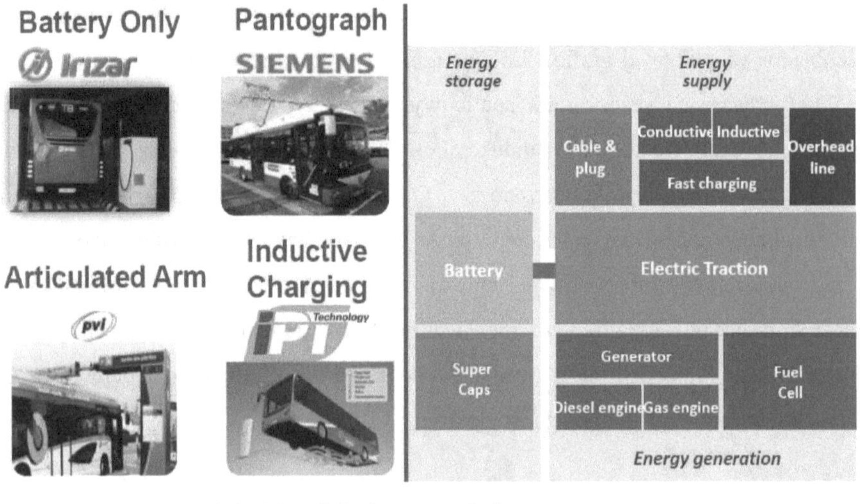

Rys.2.4. *Metody ładowania i ładowania* *(źródło: ZeEUS)*

2.2.3. Gdzie są autobusy elektryczne?

Oceniając obecną flotę w Europie w 2016 r. [12], systemy transportowe zależne od ropy naftowej nie mogą zostać wymienione w krótkim czasie przy niskich kosztach, wymagają znacznego finansowania i są kosztownym przedsięwzięciem dla każdego rządu.

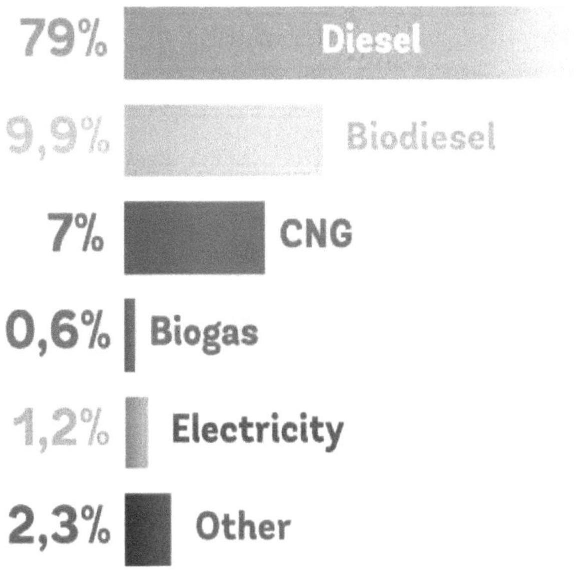

Rys.2.5. *Silniki autobusowe w Europie - 2016 (źródło: EBSF2)*

Znając ceny pojazdów, w oparciu o standardowe 12 m długości autobusu miejskiego typu "solo", który zależy od kropki zaczyna się od 150.000 do ponad 300.000 euro w oleju napędowym i wzrasta do kilkuset tysięcy euro dla hybryd, nie wspominając o cenie "super skomputeryzowany", supernowoczesny autobus elektryczny, który jest do miliona euro. Jak widzimy, istnieje bardzo szerokie spektrum cen. Ceny zależą od rodzaju, marki, sprzętu, jakości i umów na usługi serwisowe, ale w końcu to budżet władz zdecyduje, z którym producentem podpisać umowę.

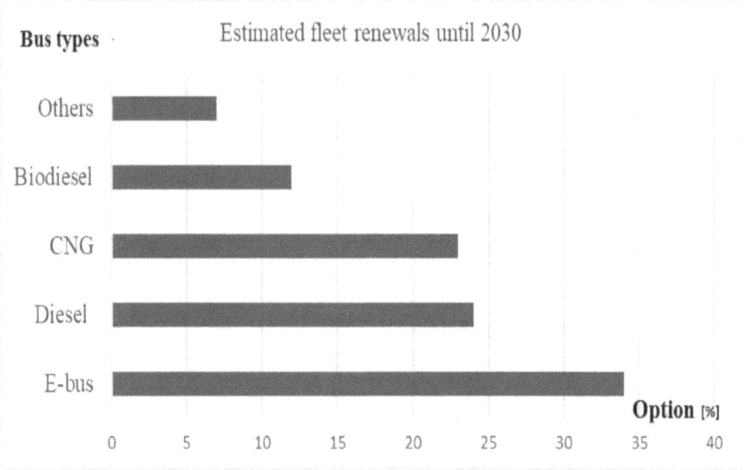

Rys.2.6. Rozkład *respondentów według przyszłych planów zmiany proporcji układu napędowego* *(źródło: EBSF2)*

W wyniku ogólnego badania w ramach projektu unijnego [12], pokazanego na rys. 2.6., wiemy, że obecnie autobusy elektryczne stanowią zaledwie 1% badanej floty, a ponad 34% respondentów chce przejść na bardziej elektryczne rozwiązania, głównie hybrydowe i w pełni elektryczne z akumulatorami, jak pokazano na rys. 6. Znaczące wzorce są również widoczne w przypadku większej ilości CNG (23%), biodiesla i biogazu (12%). Całkowity udział innych paliw (wodór, bioetanol itp.) wynosi około 9%.

Optymalizacja energetyczna i przyjazność dla środowiska nie charakteryzuje dzisiejszych zapasów typów autobusów, chociaż przemysł motoryzacyjny oferuje coraz więcej rozwiązań technicznych. Następujące obszary mają szczególny priorytet [13]:

- Odzyskiwanie energii w drodze hamowania regeneracyjnego, odzysku ciepła z układu wydechowego oraz energii lub odzysku ciepła z ogrzewania lub chłodzenia baterii hybrydowych
- Redukcja wagi przy użyciu lżejszych, trwalszych materiałów kompozytowych oraz przebudowa struktury pojazdów przy użyciu tych nowych technologii

- Optymalizacja trakcji poprzez eliminację strat energii tarcia, dodanie większej ilości funkcji start-stop oraz zastosowanie bardziej wydajnych łańcuchów napędowych.

2.4. Autobus elektryczny (e-bus)

2.4.1. Elektryczny i hybrydowy na olej napędowy

Autobusy z napędem w pełni elektrycznym są szeroko rozpowszechnione i działają w dużych obszarach codziennego ruchu w kilku dużych miastach. Ich emisja gazów zanieczyszczających jest zerowa (w miejscu użytkowania!), a emisja hałasu jest niższa niż w autobusach z silnikiem diesla. Emisja gazów cieplarnianych nadal jednak zależy w dużej mierze od metody produkcji wykorzystywanej energii elektrycznej oraz od procesu produkcji baterii.

W dłuższej perspektywie czasowej, dla osiągnięcia celów UE na rok 2050 [10], elektryczne autobusy pokazują najlepsze perspektywy, które mogą być uzupełnione przez autobusy z wodorowymi ogniwami paliwowymi na dłuższych trasach. Wynika to z wysokiej efektywności energetycznej całego napędu elektrycznego, która w połączeniu z potencjałem wykorzystania metod produkcji energii odnawialnej może skutkować niską emisją gazów cieplarnianych i całkowitym zużyciem energii.

2.4.2. Zalecenia Unii Europejskiej

Podstawowym aktem prawnym dotyczącym czterech głównych sektorów transportu (lotniczego, kolejowego, drogowego i wodnego) jest "Biała księga w sprawie transportu/mapa drogowa na rzecz jednolitego europejskiego obszaru transportu" (COM 2011/0144). Komisja Europejska wydała mandat "M-533", wzywając CEN/CENELEC (unijną Komisję Normalizacyjną) do zaproponowania normy klasyfikacji pojazdów elektrycznych do końca 2019 r. [10].

"Kluczowy wskaźnik wydajności" - KPI są wykorzystywane dla wielu cech, które czynią różne charakterystyki porównywalnymi. Zgodnie z zaleceniami WSIiZ, w ramach projektu ZeEUS wybrano i zmapowano 187 różnych atrybutów wydajności. Po analizie tych atrybutów zmniejszyły one liczbę do 18 głównych wskaźników KPI, dzięki czemu porównanie będzie łatwiejsze i bardziej przejrzyste [14].

2.4.3. Infrastruktura ładowarek

Przy przechodzeniu na szyny elektryczne należy unikać konfliktów pomiędzy równoległymi lub konkurującymi ze sobą rozwiązaniami technicznymi. Z punktu widzenia efektywności powinno być możliwe podłączenie jak największej liczby pojazdów do tej samej aparatury ładującej lub stacji ładowania. Istniejące sieci tramwajowe lub trolejbusowe mogą stanowić doskonałą podstawę dla elektrycznego systemu ładowania [13].

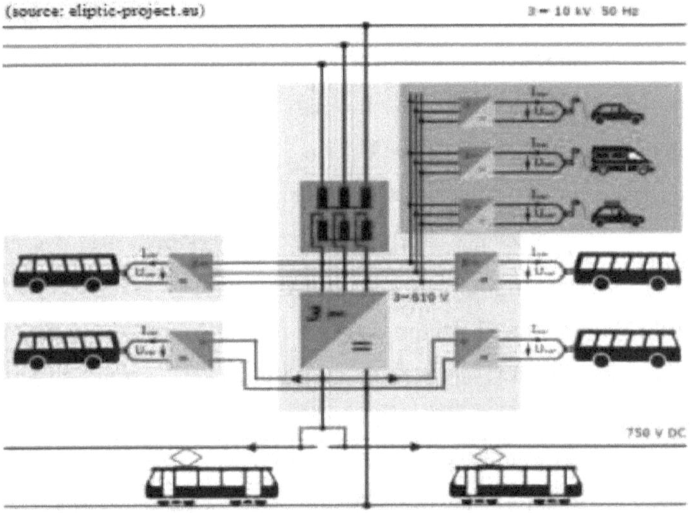

Rys.2.7. *Elektrownie jako optymalne punkty ładowania* (źródło: ELIPTIC)

Na rys. 2.7. przedstawiono sposób, w jaki klasyczna sieć elektroenergetyczna (system linii napowietrznych pracuje równolegle) może być łatwo przekształcona w jednostki ładujące floty autobusów elektrycznych i innych samochodów elektrycznych.

2.4.4. Badanie dotyczące zapotrzebowania na energię

Pojemność akumulatorów 600 V oraz cykl ładowania magistrali elektrycznej można określić [11], biorąc pod uwagę dostępny czas ładowania oraz wymaganą moc ładowania.

Aby wybrać pojazd elektryczny, należy dokładnie określić, czego życzy sobie klient. Należy zdecydować, czy kwestie ochrony środowiska i inne kwestie związane z człowiekiem są wystarczająco solidne i możliwe do zaakceptowania dla inwestycji w drogich autobusach elektrycznych.

Istnieje kilka metod obliczania i przybliżania parametrów technicznych urządzeń do ładowania. Jednym z nich jest podejście graficzne [11], ponieważ histogram pokazuje zależność pojemności akumulatorów, ich wagi i objętości, zapotrzebowania na energię elektryczną dla magistrali, metod ładowania i dostępnego na to czasu.

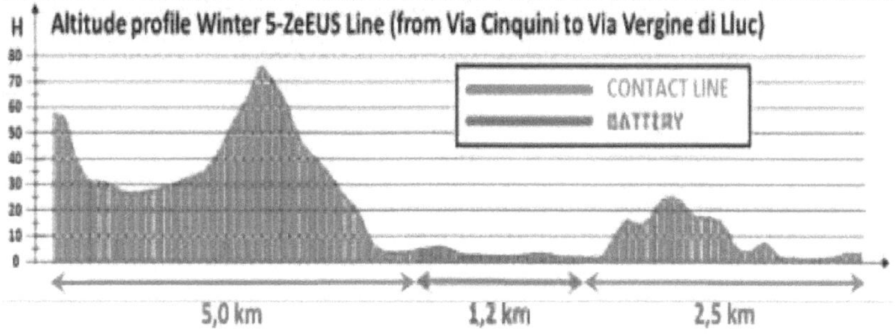

Rys.2.8. *Wzniesienie na trasie 5 - Zima* (*źródło:* ZeEUS)

Rys. 2.8. i Rys. 2.9. pokazują trasę autobusu, a mianowicie linię 5 partnera ZeEUS, Cagliari we Włoszech. Można wyróżnić trzy główne odcinki, dwa obszary zielone (2,5 i 4,0 km) na pagórkowatym terenie oraz czerwony odcinek na płaskim pasie. Po zielonych stronach do pracy trolejbusów potrzebne są napowietrzne linie jezdne. Na czerwonym obszarze, gdzie władze miejskie nie dopuszczają linii napowietrznych, możliwe i obowiązkowe jest działanie w trybie bateryjnym.

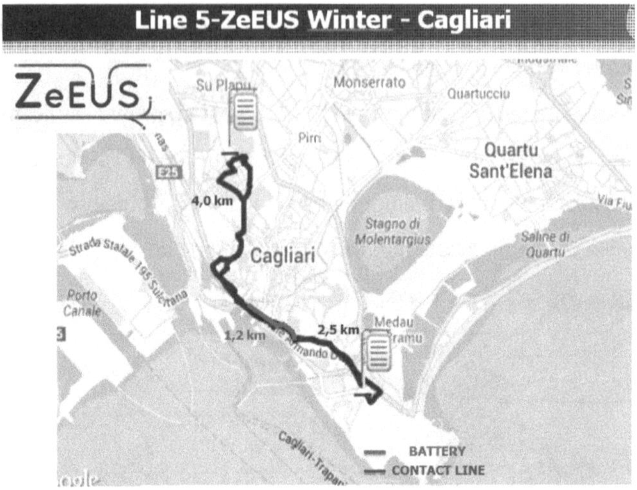

Rys.2.9. *Cagliari - Trasa 5 - Zima na mapie* (*źródło: ZeEUS*)

Znając stan ukształtowania terenu można określić konfigurację pojazdów, np. magazynowanie energii i źródła energii.

Ładowanie może odbywać się na cztery różne sposoby. Stosowane są cztery tryby ładowania: kable akumulatorowe, pantograf, złącze uzbrojone i ładowanie indukcyjne.

Struktura energetyczna pojazdów może być analizowana za pomocą wykresu SANKEY. Na rys. 2.10. i rys. 2.11. przedstawiono schemat SANKEY dla autobusów spalinowych i elektrycznych. Redukcja strat jest jednym z głównych priorytetów zwiększania efektywności wykorzystywanej energii, ale energie odwracalne są również ważnymi elementami pracy [1], [2].

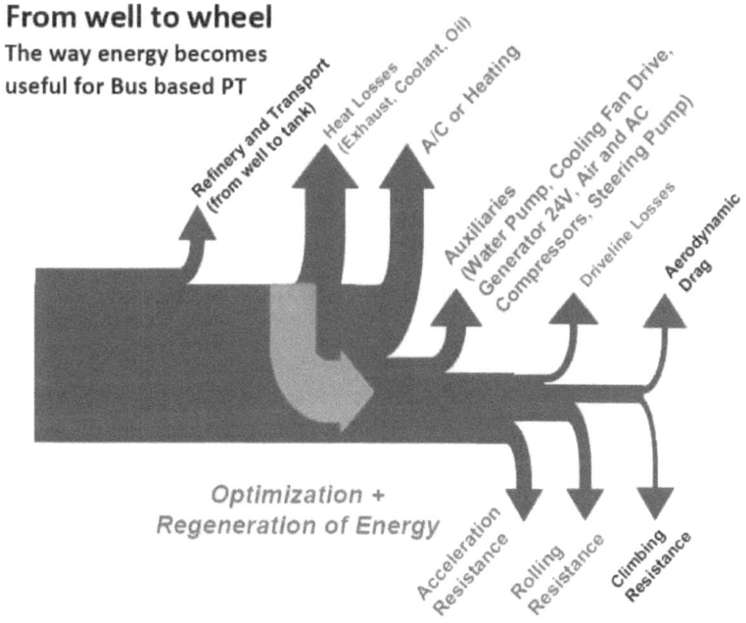

Rys.2.10. *Wykres Sankeya dla autobusów z silnikiem Diesla* (*źródło: ELIPTIC*)

Grubość strzałek wskazuje proporcję zainwestowanej energii. Zielona strzałka oznacza odzysk energii z silnika spalinowego: odzysk ciepła i mniejsze straty ciepła, proporcjonalnie większa siła napędowa.

Aby zoptymalizować wydajność pojazdów z napędem elektrycznym, niezwykle ważny jest bezpośredni i efektywny recykling odzyskanej energii w sieci elektrycznej (grubość zielonej strzałki powrotnej to ilość odzyskanej energii).

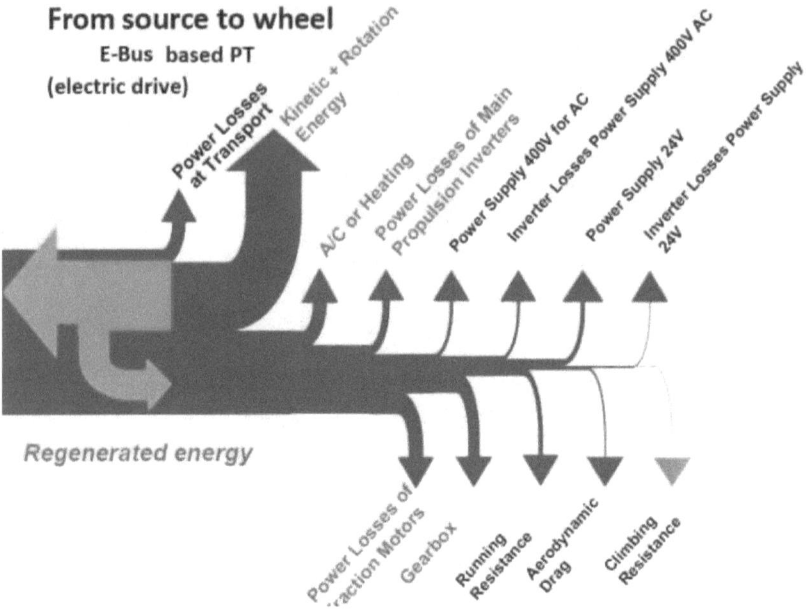

Rys.2.11. *Wykres Sankeya dla autobusów elektrycznych* (źródło: ELIPTIC)

2.5. Ładowarki do e-busów

2.5.1. Połączenie galwaniczne

W ramach projektu ZeEUS [14] firma FRAUNHOFER poleca następujące urządzenia pomiarowe: przetworniki napięcia LEM LV 100/SP47, przetworniki prądu LEM ITN 600-S, odbiornik GPS, rejestrator danych Compact-Rio. Urządzenie to ma możliwość monitorowania i rejestracji chwilowej mocy na danej pozycji GPS. Terytorialne mapowanie zużycia energii może być wykorzystane do obliczenia przyrostu energii na trasie. Czas ładowania jest szczególnie ważny, gdy ładowanie jest stosowane na przystankach pośrednich. Na takim przystanku autobusowym jest ograniczona ilość czasu, który można poświęcić na ładowanie. W ramach testu wykonywane są pomiary bezpośredniego zużycia energii (ECBus) na magistrali, obliczane przez (2.1.), które można porównać z wartościami zużycia mierzonymi na stacjach ładowania.

$$WE_{Autobus} = \int_0^t (U_t \times I_t) \qquad (2.1.)$$

Mierząc jednocześnie energię ładowania, znając początkowy stopień naładowania, po uruchomieniu uzupełnionej energii elektrycznej do tego samego punktu, można uzyskać wartość energii **ładowania EC** (w zależności od użytej opcji pełnej do pełnej). Poprzez przypisanie energii z opłat do energii zużywanej w autobusie (użytecznej, efektywnej), współczynnik efektywności energetycznej **CEC** może być obliczony przez (2.2.):

$$C_{WE} = \frac{WE_{Autobus}}{WE_{opłata}} x100 \qquad [\%] \quad (2.2.)$$

2.5.2. Wyposażenie, standardy złączy

Światowa norma **IEC62196/2011** zaleca następujące złącza:

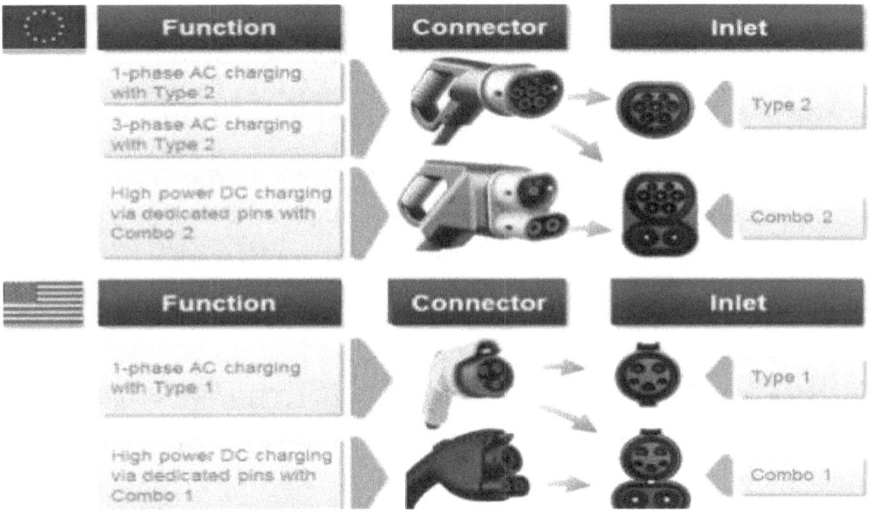

Rys.2.12. *Złącze ładowarki i normy wlotowe* *(źródło: IEC62196)*

- Dla systemów amerykańskich - **CCS 1** (ale również akceptowany dla CCS 2) dla autobusów elektrycznych w Ameryce Północnej
- Dla systemów europejskich - **CCS 2** (Combined Charging System) jako interfejs ładowania dla europejskich producentów autobusów elektrycznych

Możliwe są synergie pomiędzy rozwiązaniami samochodowymi i autobusowymi. Na rys. 12 przedstawiono standardy przemysłowe dla ładowarek i wlotów zarówno w Stanach Zjednoczonych jak i w Europie, jako zalecane rozwiązania.

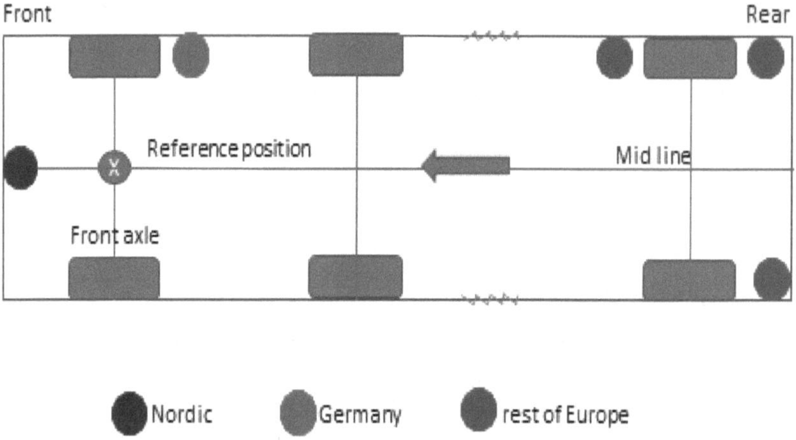

Rys.2.13. *Zalecane pozycje dla ładowarek* (*źródło: ELIPTIC*)

Umieszczenie złącza do ładowania jest niezbędne do wyeliminowania niepożądanych strat ciepła z powodu wysokiego prądu ładowania. Rys. 2.13. przedstawia zalecane pozycje ładowarki dla autobusów elektrycznych.

2.6. Studia przypadków

2.6.1. Belgrad: Eko 1, trasa E-Bus

Nowa trasa EKO 1 pokazana jest na Rys. 2.14. [15] połączenie starego i nowego Belgradu, które przechodzi przez zatłoczone centrum miasta za pomocą HIGER A6L E-Busów.

Rys.2.14. *Trasa EKO 1 wewnątrz przez centrum miasta* (źródło: Chariot Ltd)

Rys.2.15. *Model szyny elektrycznej "HIGER A6L" w Belgradzie* (źródło: Chariot Ltd)

Analiza wskaźników opłat poprzez graficzne przedstawienie statystyk pomiarów określa zakres zużycia energii od 0,85 do 1,23 kWh/km, który różni się w zależności od pola i wpływu eksploatacji. Cechy terenu i pogoda zewnętrzna (klimatyzacja lub ogrzewanie) determinują najwyższe zużycie energii, ale także czynniki komunikacyjne (zatłoczone śródmieście, korki uliczne itp.). Objętość przepływu pasażerów sama w sobie ma silny wpływ jako ważny czynnik w zużyciu energii. Średnie dzienne zużycie odnotowane w Tabeli 2.1. Chińskie autobusy typu HIGER jeżdżą na Trasie EKO 1 od jesieni 2016 roku (podobne pojazdy jeżdżą w innych miejscach): Sofia/Bułgaria, Graz/Austria i Tel Aviv/Izrael).

Tabela 2.1. Dzienna statystyka w Belgradzie: średnie spożycie

E-bus Nie	**02-09-2016 (30°C) AC-on**	**06-09-2016 (24°C) AC-off**	**20-09-2016 (20°C) AC-off**
2101	1.26	0	1.04
2102	1.14	1.01	0.89
2103	1.13	1.06	0.97
2104	1.14	0.97	0
2105	0.97	0.88	1.00
Średnia	**1.128**	**0.98**	**0.975**

Tabela 2.2. Porównanie autobusów z silnikami wysokoprężnymi i elektrycznymi

Typ autobusu / **Wartości średnie**	**E-bus "Higer A6L"**	**EuroVI Autobus z silnikiem Diesla**
L- średnioroczna eksploatacja mleczarni (km)	80,000	
Średnie zużycie energii w UE (kWh/km)	0.99	-
Zużycie energii - ogółem (kWh/rok)	79,200	-
Ceu - jednostkowa cena energii elektrycznej (Euro/kWh)	0.07	-
Średnie zużycie paliwa (litr/100 km)	-	44
Zużycie PALIWA - ogółem (litr/rok)	-	35,200
Średnia cena jednostkowa paliwa na jtk (Euro/litr)	-	1.17

ROCZNY KOSZT ENERGII CAŁKOWITEJ (Euro/rok)	5,544	41,184
CEdif - roczna różnica w kosztach energii (Euro/rok)	**35.640 euro**	

Biorąc pod uwagę średnie ceny rynkowe, niska cena autobusu elektrycznego (E1): ~400.000 euro, początkowy koszt posiadania, bez infrastruktury ładowarki, sprzętu. Koszty eksploatacji, konserwacji i energii muszą być obliczane dla całego kosztu cyklu życia. Do tego warto dodać ~150.000 euro, wymianę baterii (A1), producenci otwarcie przyznają, że oprócz dzisiejszych technologii istnieje gwarancja na dzisiejsze baterie tylko na cztery lata. Podobnej wielkości (12 m) klasyczny autobus Euro VI (D1) jest dostępny za około 200.000 euro. Roczne wartości eksploatacyjne zostały ujęte w tabeli 2.2., która pomaga w analizie różnic pomiędzy autobusami Diesel i Electric.

Równanie (2.3.) oblicza roczne różnice kosztów (**CEdif**) między dwoma autobusami:

$$CE_{dif} = [\left(\frac{L \times F_u}{100}\right) \times Por._u] - (L \times E_u \times Ce_u) \quad (2.3.)$$

Stosując średnie wartości zawarte w tabeli 2.2., roczna różnica wynosi 35 640 euro.

$$T_{Inv} = \frac{(E1+A1)-D1}{CE_{dif}} \qquad (2.4.)$$

Czas zwrotu z inwestycji (ROI) (**Tinv) jest obliczany** przez (2.4.), biorąc pod uwagę różnicę cen pomiędzy E-Busem a olejem napędowym (550.000 euro i 200.000 euro) podzieloną przez 35.640 euro rocznie. Efektem końcowym jest prawie dziesięć lat amortyzacji, dokładniej mówiąc: **Tinv = 9,82 lat**.

Średnia żywotność autobusu elektrycznego wynosi 8 lat, dlatego też nie jest to pożądana inwestycja ze względów ekonomicznych!

2.6.2. Oradea: Pomiary i wyniki badań

W lutym 2015 roku w prasie został zaprezentowany chiński autobus elektryczny BYD, który został wypróbowany przez specjalistów z firmy transportu publicznego OTL SA (Oradea Transport Local SA- www.otl.ro). W tym samym roku, na początku listopada, czeski SOR E-bus był testowany przez okres dwóch tygodni na różnych trasach. Mianowicie Trasa 14 (miejski cross city) i Transgraniczna trasa do Biharkeresztes/Węgry (długi zasięg ponad 40 km).

Przebieg próbny i pomiary miały na celu przygotowanie do nabycia jednej lub więcej szyn elektrycznych.

Zmierzone wartości przy użyciu FLUKE 345 zostały przeanalizowane w tabeli statystycznej 2.3., współczynniki efektywności energetycznej i mocy dostarczyły zadowalających wyników.

Tabela 2.3. Dzienne statystyki w Oradei: średnie spożycie

Data [rok 2015]	**Odległość** [km/dzień]	**Ładowanie** [h]	**Średnia** [kWh/km]
1-Nov-2015	80	4.10	1.0625
2-Nov-2015	139	8.30	0.8705
3-Nov-2015	123	7.20	0.8618
4-Nov-2015	47	3.30	0.6383
5-Nov-2015	82	2.10	0.9024
6-Nov-2015	123	9.00	0.9024
7-Nov-2015	47	4.20	0.766
8-Nov-2015	150	3.20	0.9467
9-Now-2015	113	3.00	1.0177
10-Nov-2015	59	4.40	0.8644
11-Now-2015	128	3.50	0.8516
12-Now-2015	144	8.30	0.7639
13-Now-2015	93	6.10	0.9032
14-Now-2015	90	5.90	0.8922
15-Nov-2015	79	6.00	0.7835

Wartości te są bardzo podobne do przykładu z Belgradu, pomiędzy 0,6835 a 1,0625 kWh/km, przy średnim jednostkowym zużyciu energii na dystansie 0,8728 kWh/km. W przypadku szyny o mniejszej pojemności (10 m zamiast 12 m) wykazuje bardzo dobre wyniki w zakresie efektywności energetycznej. Znając porównanie różnych sieci (autobusów i tramwajów) Oradea Transport Local SA (w TOE - Tone of Oil Equivalent) zgłoszonych do liczby przewożonych pasażerów, efektywność energetyczna systemów tramwajowych jest bardzo oczywista [16]. Różnice te są istotne, około jednej trzeciej zużycia energii w systemie autobusowym opartym na silnikach Diesla. Na dziesięć tysięcy pasażerów w 2014 roku w systemie tramwajowym zużyto 0,34 TOE energii elektrycznej, natomiast w systemie autobusów spalinowych 0,99 TOE, w 2015 roku zużycie energii elektrycznej jest zbliżone do 1,00 TOE (niewielki wzrost w wyniku zmiany zasad dotyczących ogrzewania i wydłużenia czasu pracy HVAC).

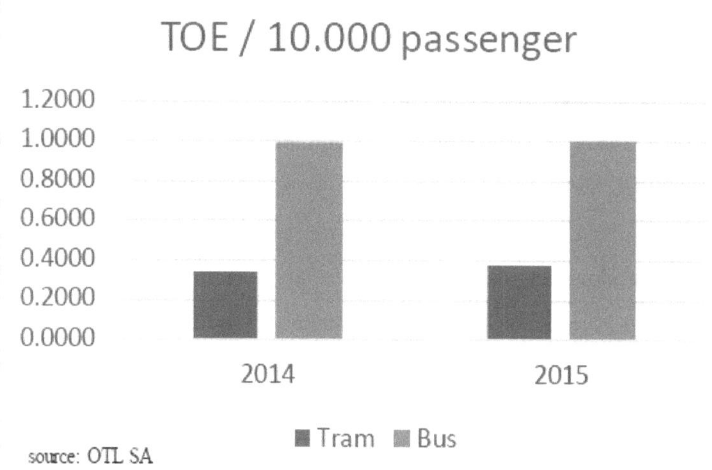

Rys.2.16. *Średnie zużycie energii na 10.000 pasażerów w ciągu dwóch lat okresu testowego* (źródło: OTL)

Jak widać na rys. 2.16. zalecenia dotyczące zwiększenia efektywności energetycznej są bardzo wyraźne na korzyść transportu publicznego z napędem elektrycznym, w tym autobusów elektrycznych.

2.7. Ogólne wnioski dotyczące użyteczności E-Bus w transporcie publicznym

Chociaż niniejszy dokument został opracowany jako studium techniczne, musiał zostać uzupełniony o treści ekonomiczne, aby lepiej zrozumieć korzystanie z E-Busów. W dziedzinie ochrony środowiska jest dużo pieniędzy, a rządy popierają mniej więcej te kwestie. W badaniu MFW (Międzynarodowego Funduszu Walutowego) stwierdzono, że systemy wsparcia mają poważny wpływ na budżet, dobrobyt i środowisko naturalne. Zgodnie z obliczeniami i symulacjami, wraz z wycofaniem głównych dotacji po opodatkowaniu, w 2015 r. dochody rządowe w skali globalnej wzrosłyby o 3,6% PKB. Ważne jest również to, że wskaźniki śmiertelności spowodowane zanieczyszczeniem powietrza zmniejszyłyby się o połowę [17]. Decyzja ta nie jest podejmowana przez inżynierów, ale przez polityków. Przy przechodzeniu na branże przyjazne dla środowiska należy wziąć pod uwagę obciążenia społeczne, inflację i bezrobocie. Ludzie muszą być szkoleni na nowe rynki pracy.

Komisja Europejska poszukuje opłacalnego sposobu na uczynienie gospodarki europejskiej bardziej przyjazną dla środowiska i energooszczędną. W "Planie działania na rzecz gospodarki niskoemisyjnej", CE112 (2011), sugeruje się, że do 2050 r. UE powinna ograniczyć emisje o co najmniej 80 % poniżej poziomu z 1990 r., przy czym do 2030 r. etapy powinny wynosić 40 %, a do 2040 r. 60 % [18].

Debata jest otwarta, inżynierowie mogą się spierać, czy autobus elektryczny jest przyjazny dla środowiska, czy nie! Badanie to musiało uwzględnić cały proces produkcji takiego pojazdu, w tym wykorzystanie materiałów ziem rzadkich. Koszty związane z zakończeniem eksploatacji są również wyższe w przypadku autobusów elektrycznych ze względu na większą zawartość materiałów niebezpiecznych. Jest to główna różnica między zarządzaniem kosztami cyklu życia a całkowitym kosztem posiadania, biorąc pod uwagę, że właściciel powinien nie tylko przejąć koszty i zyski z eksploatacji, ale właściciele pojazdu (lub innych produktów) są również odpowiedzialni za końcową eksploatację, koszty obróbki po demontażu.

Bez energii, nasze społeczeństwo nie działa. Nasza realna przyszłość leży w znacznie bardziej zrównoważonym koszyku energetycznym, który w dłuższej perspektywie nadal będzie odgrywał rolę w paliwach kopalnych, podobnie jak w przypadku bardzo rosnącego udziału odnawialnych źródeł energii lub, w przeciwnym razie, energii jądrowej o zerowej emisji dwutlenku węgla.

Obserwacja:

Badanie zostało wykonane w ramach Laboratorium MECHATRONICA/Oradea Transport Local S.A. (jako współautor mgr inż. Referat Botonda CSUZI, inżyniera usług telekomunikacyjnych w firmie ROMATSA SA) został zaprezentowany podczas konferencji "ELECTRIC MOBILITY EV-2017", 12. edycja Międzynarodowej Konferencji i Targów Expo, 5-6 października 2017, Bukareszt/Rumunia.

REFERENCJE:

1] I. FELEA, I. CSUZI, E. BARLA: *Modelowanie i ocena wydajności energetycznej systemu transportu miejskiego z napędami elektrycznymi*, Revue Traffic & Transportation "PROMET", Vol.25/2013, str. 495 - 506, Zagrzeb / Chorwacja.

2] I. CSUZI: *Contribuţii la evaluarea şi optimizarea de performanceanţelor energyice şi de disponibilitate ale sistemului de tracţiune electrică urbană-RO;* (EN- *Contributions to the evaluation and optimization of the energy and availability of the urban electric traction system)*, Ph.D. Thesys (prof.dr.ing. Ioan FELEA), 2011, Universitatea Oradea/Rumania.

3] I. FELEA, I. CSUZI, E. SILAGHI: *Global indicators used for the availability performance evaluation of an urban transport system using electrically driven trams*, Review "Buletinul AGIR", 2012, s. 447 - 455, Bukareszt / Rumunia.

[4] ***: Kalkulator Międzynarodowej Agencji Energii, www.iea.org

[5] CSUZI I.: *Hogyan működik a nagyváradi közösségi közlekedés - elektronikus flotta menedzsment és kártyás jegyrendszer-HU; (*PL- *How it works the public transport in Oradea - fleet management and e-ticketing system)*, konferencja "T-

SYSTEMS TEMATIK 2015" Magyarországi Közösségi Közlekedési Konferencia, 2015, 24-25 września, Balatonfüred/Węgry

6] I. FELEA, I. CSUZI, C. SECUI, E. BARLA: *Optimal dimensioning of public urban company tram parks*, "Journal of Sustainable Energy", ISSN 2067-5534, Redakcja Uniwersytetu w Oradei, 2015, Vol. VI, No.1, str. 6-11, Oradea / Rumunia

[7] ENESCO przemysłowa: *Indicatori ODEX pentru eficienţă energetică-RO;* (EN-ODEX *indicators for energy efficiency)* www.enescoindustrial.com.

[8] ******: *Sustainable economics with clean and energy efficient vehicles"*, Komisja UE, MEMO/07/594, Bruksela/Belgia, 19 grudnia 2007 r,

[9] ******: Key World Energy Statistic 2016, pod redakcją Międzynarodowej Agencji Energii - IEA, Free publications-statistics, 75739 Paris/France,Cedex 15,

[10] *****: *"3ibs - inteligentne, innowacyjne, zintegrowane systemy autobusowe"*, program badawczy współfinansowany przez Komisję Europejską w ramach 7. programu ramowego badań i rozwoju technologicznego FP7, Dyrekcja Generalna ds. Badań i Innowacji, dokumenty WSIiZ, Bruksela/Belgia, 2017 r.

A. MÜLLER-HELLMANN: *Towards zero/ low carbon urban mobility - Innovative multimodal electric urban public transport systems*, 60th UITP World Congress papers, maj 2013, Genewa/Szwajcaria.

[12] *****: *EBSF_2 - europejski system autobusowy przyszłości 2"*, unijny program badań i innowacji "Horyzont 2020" w ramach umowy o dotację nr 63300, dokumenty WSIiZ, Bruksela/Belgia, 2015 r.

[13] *****: *"ELIPTIC - elektryfikacja transportu publicznego w miastach"*, unijny program badań i innowacji "Horyzont 2020" w ramach umowy o dotację nr 636012, dokumenty WSIiZ, Bruksela, 2015 r.

[14] *****: *ZeEUS - Zeroemisyjne systemy autobusów miejskich"*, unijny program badań i innowacji "Horyzont 2020" w ramach umowy o dotację nr 605485, dokumenty WSIiZ, Bruksela/Belgia, 2016 r.

15] A. TOMASEVIC, S. MISANOVIC: *Pierwsza linia e-busów w Belgradzie, wkład w zrównoważony rozwój miasta,* "Chariot car" Ltd. prezentacja, Belgrad/Serbia, 2016 r.

16] L. LIBOR, I. CSUZI: *Analiza efektywności energetycznej systemu autobusów miejskich Oradea*, "Journal of Sustainable Energy", ISSN 2067-5534, Redakcja Uniwersytetu w Oradei, 2017, Vol. VIII, No.2, s. 72-75, Oradea/Rumunia,

D. COADY, I. PARRY, L. SEARS, B. SHANG*: Jak duże są globalne subwencje energetyczne?* Dokumenty robocze MFW nr 15/105, Waszyngton DC/ USA, maj 2015 r.

[18] *****: *Plan działania prowadzący do przejścia na konkurencyjną gospodarkę niskoemisyjną do 2050 r.*, Komisja UE, COM (2011), 112 wersja ostateczna z 8.3.2011, Bruksela/Belgia.

AUTOBIOGRAFIA:

Dr. Eng. **István CSUZI**

DOŚWIADCZENIA ZAWODOWE:

Maj 2017 - dzisiaj: Dyrektor Generalny ZEA (CITY TRANSPORT w ABU DHABI/Zjednoczone Emiraty Arabskie - przedsiębiorstwo transportu publicznego, jako członek Emirates National Group, https://enguae.com/board-of-directors)

Grudzień 2008 - kwiecień 2017: Dyrektor Generalny (OTL SA - Przedsiębiorstwo Transportu Publicznego w ORADEA, Rumunia, www.otl.ro)

Październik 1992 -Dec 2008: Dyrektor generalny (zarząd), TRIODA Ltd ORADEA, Rumunia, dystrybutor komponentów elektrycznych i elektronicznych (www.trioda.ro)

Wrzesień 1988 r. -Dzień 1992 r.: Inżynier serwisu (Konserwacja i zarządzanie), Automatyka i energoelektronika przemysłowa, IIRUC SA BUCHAREST, Rumunia (www.iiruc.ro).

Sierpień 1985 - wrzesień 1988: Inżynier serwisowy (Konserwacja i zarządzanie), szef działu energetycznego w piecu klinkierowym 3000 t, CIMENT Factory ALESD, Rumunia (www.holcim.ro).

PROFESJONALNE WYNIKI:

- Patent wynalazczy nr 47/1988, Bukareszt, Rumunia (dostosowanie kryteriów prędkości dla zasobnika samokarmiącego o wagę materiału w technologii produkcji klinkieru)

EDUKACJA:

Wrzesień 2012 - dzień dzisiejszy: Associate Professor (Education), UNIVERSITY of ORADEA, Faculty of ENERGY and INDUSTRIAL MANAGEMENT, (www.uoradea.ro)

Wrzesień 2007 - Dec 2011tytuł doktora, praca dyplomowa: "Wkład w ocenę i optymalizację wydajności energetycznej i dostępności miejskiego systemu trakcji elektrycznej", Uniwersytet ORADEA, Rumunia (www.uoradea.ro).

Wrzesień 1980 - Julia 1985, dyplomowany inżynier elektroniki i telekomunikacji, IPTV - Wydział Elektroniki TIMISOARA, Rumunia (www.upt.ro)

MEMBERSHIPS:

Grudzień 2008 - maj 2017: Członek zarządu URTP (Rumuński Związek Transportu Publicznego)

Luty 2009 - dzisiaj: Członek Rumuńskiego Stowarzyszenia Ogólnego Inżynierów

Październik 2010 - dziś: Członek komisji ds. lekkiego pociągu kolejowego UITP (Union International de Transport Public)

Czerwiec 2013 - maj 2017: Katedra Montażu Kolei Lekkich UITP

Czerwiec 2013 - maj 2017: Wiceprezes UITP, członek zarządu

kwiecień 2014 - maj 2017: Wiceprezes URTP

Marzec 2016 - dzisiaj: Prezes Węgierskiego Towarzystwa Naukowego w Transylwanii / okręg Bihor / Rumunia

Marzec 2017 - dzisiaj: Członek Rady Naukowej Szkoły Doktoranckiej Uniwersytetu w Oradei

Maj 2017 r. - dziś: zewnętrzny członek Węgierskiej Akademii Naukowej w Komitecie Regionalnym Hungarians Abroad, Budapeszt/Węgry

KONTAKTOWE e-maile:

gmuae@citytransport.ae , istvancsuzi@yahoo.com

Abu Dhabi, 20 grudnia 2017 r.

SPIS TREŚCI:

Kolibri 360 GmbH
Ferdinand-Jühlke-Straße 7
99095 Erfurt, Deutschland
produktsicherheit@kolibri360.de

Druck:
CPI Druckdienstleistungen GmbH
im Auftrag der
Kolibri 360 GmbH
Ferdinand-Jühlke-Str. 7
99095 Erfurt